科学探秘
培养儿童科学基础素养

了解沙漠
令人惊奇的沙漠之旅

温会会 / 文　曾平 / 绘

浙江摄影出版社
全国百佳图书出版单位

U0220817

从前，茫茫的宇宙中有两个可爱的小精灵。
她们肩并肩，手拉手，一起前往地球旅行。

3

在地球上空，两个小精灵见到了浩瀚的海洋、茂密的森林、广阔的草原……
"我听说，地球上还有神奇的沙漠！"
"真的吗？我们去沙漠里瞧一瞧吧！"

　　两个小精灵飞呀飞，来到了世界上面积最大的沙漠——撒哈拉沙漠。

　　"这里的沙子真多啊！"

　　"是啊，沙漠地区干旱又缺水，植被也很稀少呢！"

7

突然，沙漠里刮起了一阵巨大的
沙尘暴。
　　"哎呀，沙子钻进眼睛里了！"
一个小精灵皱着眉头说。

这时，一头健壮的骆驼迎面走来。

"骆驼，你的眼睛不难受吗？"另一个小精灵问。

"我有长长的睫毛，可以防止沙子进入眼睛。"骆驼笑着说。

　　两个小精灵坐在骆驼背上，一起穿越广阔的沙漠。

　　"啊，好渴呀！"一个小精灵说。

　　"骆驼，你可以连续好几天不喝水吗？"另一个小精灵问道。

　　"可以。我一次会喝很多水，并储存在身体里。"骆驼说。

一个小精灵望着远方，激动地说："快看！那边好像有湖水！"

骆驼抬头一看，摇摇头说："那里不是真的湖水，而是海市蜃楼。"

温度低

温度高

大气密度小（折射率小）

另一个小精灵歪着头，好奇地问："什么是海市蜃楼哇？"

骆驼笑着说："大气中由于光线的折射作用而形成的虚像，被称为海市蜃楼。它是一种光学现象，并不是真实的物体哦！"

两个小精灵在骆驼的带领下，来到了沙漠中的绿洲。

小精灵们高兴地喊："哇，这次是真的湖水！"

骆驼点点头说："对，这是绿洲。沙漠虽然干旱少雨，但地下也能储存水。当地下水涌出地面，就会形成绿洲。"

绿洲的周围，有不少植物顽强地生长着。骆驼向小精灵们介绍起沙漠中的植物。

"看！梭梭树的叶子退化成了鳞片，可以减少水分的蒸发。巨柱仙人掌的储水本领可强了！每次下雨，它都会使劲地吸收水分。一场大雨之后，它能储存一吨左右的水呢！"

两个小精灵发现沙漠里也生活着很多动物。

这些动物都有自己的"避暑小妙招"！

瞧，炎炎烈日下，沙蛇和沙鼠
在凉爽的地洞里休息。

一只沙蜥趴在热烘烘的沙子上"跳舞"。
"我身上覆盖的鳞片能有效地防止水分散失，
让我可以适应炎热干旱的气候！"沙蜥说。

看！还有猫头鹰选择在巨柱仙人掌上筑巢。
"住在这里，不仅有水喝，还可以躲避炎热！"
猫头鹰自豪地说。

22

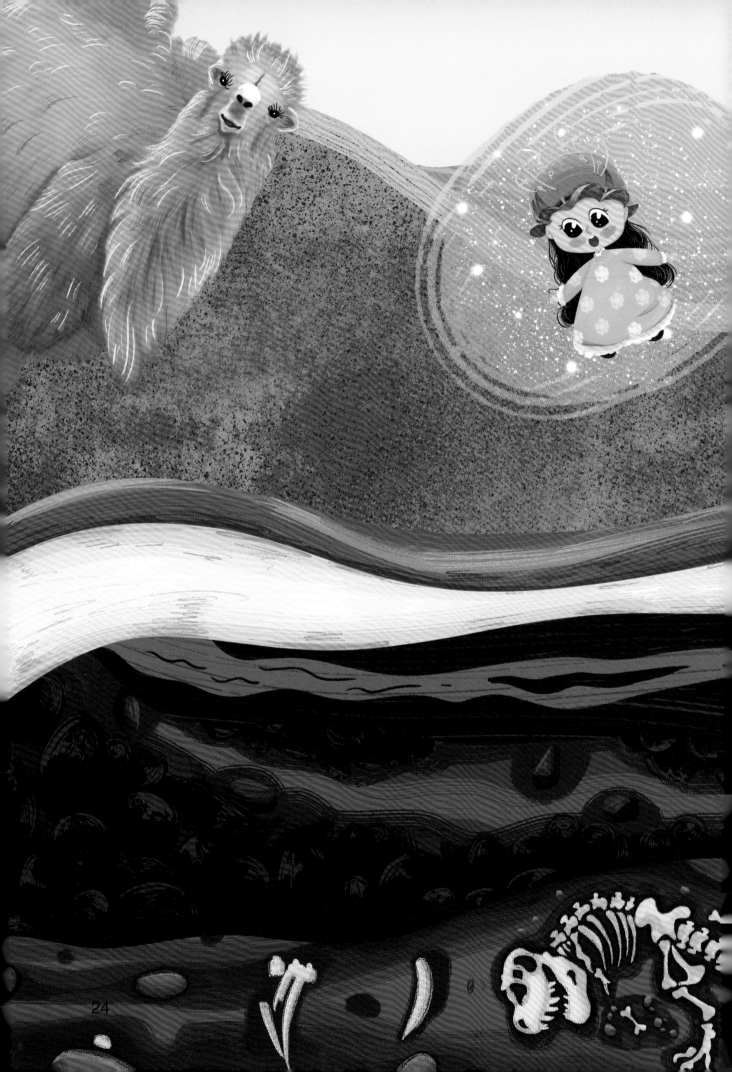

"你们知道吗？沙漠里还蕴藏着许多宝藏呢！"骆驼一脸神秘地说。

"哇，有什么宝藏啊？"小精灵们问。

"有些沙漠地区蕴藏着储量丰富的石油、铁矿石、天然气。而且，考古学家往往能在沙漠里找到人类文明的遗迹和年代久远的化石！"骆驼答。

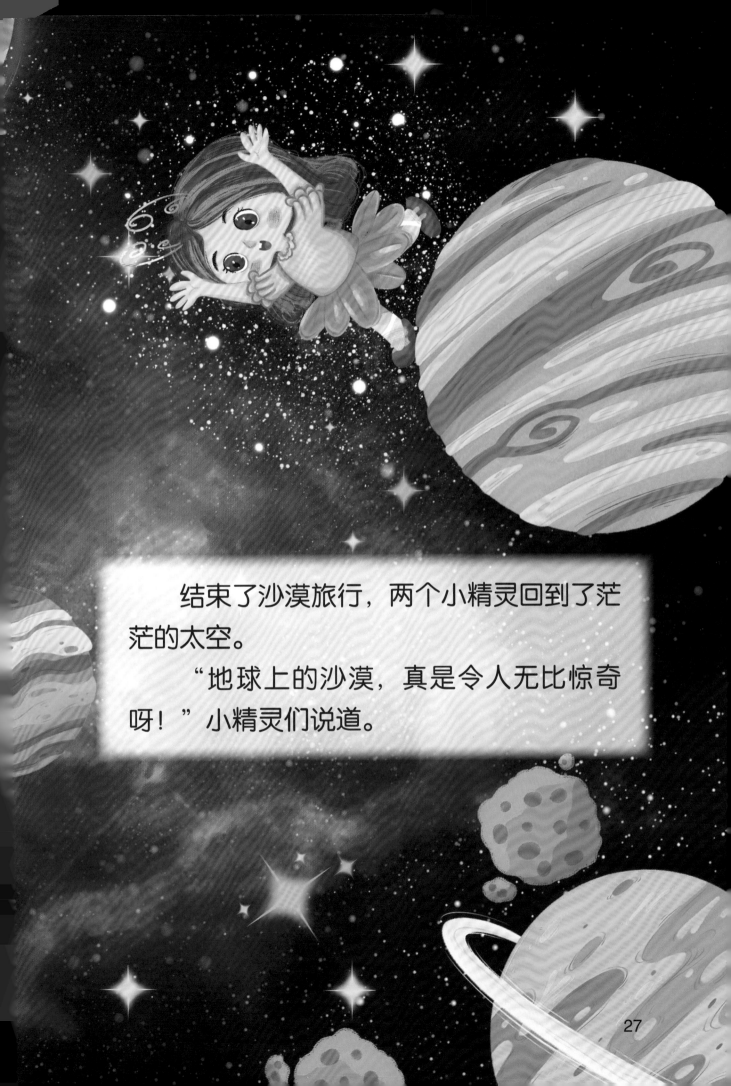

　　结束了沙漠旅行，两个小精灵回到了茫茫的太空。

　　"地球上的沙漠，真是令人无比惊奇呀！"小精灵们说道。

责任编辑　瞿昌林
责任校对　朱晓波
责任印制　汪立峰

项目设计　北视国

图书在版编目（CIP）数据

了解沙漠：令人惊奇的沙漠之旅 / 温会会文；曾
平绘． — 杭州：浙江摄影出版社，2022.8
（科学探秘·培养儿童科学基础素养）
ISBN 978-7-5514-4019-6

Ⅰ．①了… Ⅱ．①温… ②曾… Ⅲ．①沙漠－儿童读
物 Ⅳ．① P941.73-49

中国版本图书馆 CIP 数据核字（2022）第 112428 号

LIAOJIE SHAMO : LINGREN JINGQI DE SHAMO ZHI LÜ

了解沙漠：令人惊奇的沙漠之旅
（科学探秘·培养儿童科学基础素养）

温会会 / 文　曾平 / 绘

全国百佳图书出版单位
浙江摄影出版社出版发行
　　　地址：杭州市体育场路 347 号
　　　邮编：310006
　　　电话：0571-85151082
　　　网址：www.photo.zjcb.com
制版：北京北视国文化传媒有限公司
印刷：唐山富达印务有限公司
开本：889mm×1194mm　1/16
印张：2
2022 年 8 月第 1 版　　2022 年 8 月第 1 次印刷
ISBN 978-7-5514-4019-6
定价：39.80 元